INSTRUCTION

Sur les moyens que l'on peut employer pour connoître la qualité des Salpêtres fournis par les Salpêtriers & Entrepreneurs de Nitrières, & pour en constater séparément les déchets.

APRÈS avoir éclairé l'art de fabriquer le salpêtre, après avoir démontré que l'exercice de cet art doit être soumis à des principes, à des règles d'après lesquelles on peut déterminer d'avance, par le calcul, le produit, soit en salpêtre, soit en sel marin, d'une quantité donnée de matières salpêtrées, le temps qu'il faut pour extraire l'un & l'autre de ces sels, la dépense que ces diverses opérations doivent occasionner ; il manquoit à la Régie des poudres une méthode à l'aide de laquelle elle pût connoître d'une manière précise, la qualité des salpêtres qui lui sont fournis par les salpêtriers & les entrepreneurs de nitrières, afin de pouvoir leur faire raison de la plus ou moins value de leur salpêtre, dans le cas où la qualité de cette matière se

A

trouveroit être au-deſſous ou au-deſſus des déchets de trente & de vingt-cinq pour cent, fixés par les règlemens.

Cette manière d'apprécier le travail des fourniſſeurs, paroiſſoit à la Régie d'une importance d'autant plus grande, qu'elle devoit l'éclairer ſur leur bonne foi, ſur le degré de leur inſtruction, ſur les progrès de l'art lui-même de fabriquer le ſalpêtre.

Elle devoit auſſi donner aux commiſſaires & prépoſés de la Régie, les moyens de tenir, avec la plus grande équité, la balance entre le fourniſſeur qui vend, & le Roi qui achète, afin qu'il ne pût y avoir léſion d'aucun côté ; que le ſalpêtrier qui tendroit à perfectionner ſon travail, fût indemniſé de ſa peine & de ſes dépenſes, & que celui qui, par négligence ou par fraude, excéderoit le taux du déchet fixé par les règlemens, ne pût pas en tirer avantage au détriment du Roi.

On ne s'étoit ſervi, juſqu'à préſent, d'aucune méthode pour arriver à ce but : on connoiſſoit en général, par le réſultat des raffinages, le déchet total des ſalpêtres fournis, ſans pouvoir apprécier en particulier la qualité du ſalpêtre de chaque fourniſſeur, ce qui, dans le détail, auroit été impraticable ; en ſorte que les prépoſés à la réception des ſalpêtres ne pouvoient juger de leur qualité que ſur des aperçus très - ſouvent trompeurs.

Dans quelques départemens on faiſoit fuſer un peu de ſalpêtre, & en prétendoit juger, par la décrépitation du fel marin, par l'activité de la flamme plus ou moins ternie par l'eau-mère, de la qualité de huit ou dix quintaux qui compofoient la fourniture. Dans d'autres, on lavoit une portion de falpêtre avec une petite quantité d'eau froide, au moyen de laquelle on prétendoit diffoudre le fel marin, & emporter l'eau-mère. Ces procédés très-imparfaits entraînoient des retenues arbitraires, qu'il falloit que le falpêtrier fupportât, fans qu'il pût avoir l'efpérance d'obtenir des bonifications, fi la qualité du falpêtre qu'il apportoit étoit fupérieure au taux fixé par les règlemens.

Le falpêtre brut, tel que les falpêtriers le fourniffent, eft habituellement mêlé de fel marin, d'eau-mère & de terre. La proportion de ces fubftances peut varier, & varie effectivement à chaque fourniture, parce qu'elle dépend de la qualité des matériaux, de la manière dont le travail du falpêtrier a été fait, de la quantité de potaffe ou d'alkali fixe végétal, qui a été employée pour décompofer l'eau-mère de nitre, & la convertir en falpêtre parfait, de la quantité de fel marin qui a été extraite des cuites avant de les mettre à criftallifer, du foin qu'on a pris d'épurer les eaux, en laiffant dépofer la terre avant de les verfer dans la chaudière, & en recevant dans cette chaudière même, au moyen d'un chaudron qui y eft fufpendu, celle qui reftoit dans les eaux, & qui fe précipite par l'ébullition.

On pourra donc connoître la quantité effective de

falpêtre pur, que contient une quantité donnée de falpêtre brut, fi l'on parvient à le féparer exactement de
ces trois fubftances qui lui font étrangères ; &, par cette
même féparation, on évaluera aifément fon déchet.

*EXPOSÉ des opérations qui ont été faites par la
Régie, pour parvenir à déterminer la qualité du
Salpêtre qui lui eft fourni.*

LA terre eft indiffoluble dans l'eau : l'efprit-de-vin
diffout les fels à bafe terreufe ; il ne diffout pas la terre
& n'attaque que partiellement les fels criftallifés, en
raifon d'un moindre ou d'un plus grand degré de rectification. Le nitre de faturne formé par la combinaifon
de l'acide nitreux avec le plomb, décompofe le fel
marin : dans cette décompofition, l'acide nitreux s'em-
pare de l'alkali minéral pour former du nitre cubique ;
& l'acide marin fe combinant avec le plomb, produit
un fel métallique, connu fous le nom de *plomb corné*.

Pour s'affurer de ces vérités, on a fait les expériences fuivantes.

On a pris 100 gros de terre & de fable fur lefquels on a verfé une demi-pinte d'eau diftillée ; on a
filtré : le réfidu refté fur le filtre, lorfqu'il a été parfaitement fec, s'eft trouvé pefer également 100 gros.

La même expérience avec l'efprit-de-vin, a donné
le même réfultat.

On a pris 100 gros de falpêtre brut, qu'on favoit

(5)

être accompagné d'une affez grande quantité d'eau-
mère ; on les a lavés avec une demi-pinte d'efprit-de-
vin, marquant 33 degrés au pèfe-liqueur ; on a filtré :
on a fait diffoudre dans une quantité fuffifante d'eau
diftillée, le falpêtre refté fur le filtre ; une diffolution
alkaline verfée dans la liqueur, n'y a pas occafionné
le plus léger trouble.

On a répété la même expérience avec 100 gros de fel
marin mêlé d'eau-mère, & elle a donné le même réfultat.

Dans une liqueur qui tenoit en diffolution du falpêtre & du fel marin, on a verfé une diffolution de
nitre de Saturne jufqu'à faturation ; il s'eft opéré un
précipité ; on a filtré : la liqueur n'a donné par l'éva-
poration que des fels nitreux.

De ces premières expériences on a conclu qu'avec
ces deux agens, l'efprit-de-vin & le nitre de faturne,
on pouvoit féparer l'eau-mère & décompofer le fel
marin ; qu'au moyen de la diffolution dans l'eau & de
la filtration, on obtenoit féparément auffi la terre & les
corps étrangers ; qu'ainfi on pouvoit aifément connoître
le taux de déchet de diverfes efpèces de falpêtre. Cependant il reftoit quelques difficultés à vaincre ; l'action
de l'efprit-de-vin & du nitre de faturne n'eft pas toujours rigoureufement uniforme, elle varie fuivant l'état
de ces deux agens ; il a donc fallu, pour s'en fervir
d'une manière générale & fûre, étudier leurs effets dans
toutes les circonftances.

ACTION *de l'Esprit-de-vin sur le Salpêtre pur.*

SI l'esprit-de-vin a la propriété de diffoudre les fels à bafe terreufe, fans attaquer les fels criftallifés, ce n'eft que lorfqu'il eft rectifié au point de conferver le moins de flegme poffible. Quand la rectification n'eft pas parfaite, l'efprit-de-vin, en raifon du flegme qu'il contient, diffout une portion des fels à bafe alkaline. Pour déterminer au jufte l'action de l'efprit-de-vin fur ceux-ci, on a fait les expériences fuivantes.

I. On a pris 2 onces de falpêtre bien pur, pulvérifé & féché au bain de fable; on a verfé deffus une demi-pinte d'efprit-de-vin à 30 degrés au pèfe-liqueur: le réfidu féché ne pefoit que 1 once 7 gros 42 grains; l'efprit-de-vin avoit conféquemment diffous 30 grains de falpêtre.

II. La même expérience répétée avec de l'efprit-de-vin à 31 degrés au pèfe-liqueur, il n'y a eu que 24 grains de falpêtre diffous.

III. L'efprit-de-vin à 33 degrés n'a diffous que 12 grains de falpêtre.

ACTION *de l'Esprit-de-vin sur le Sel marin pur.*

IV. SUR 2 onces de fel marin de la gabelle, préalablement purifié & féché, on a verfé une demi-pinte d'efprit-de-vin à 30 degrés: le réfidu féché n'a pefé que 1 once 6 gros 55 grains; il y a eu conféquemment

1 gros 17 grains de fel marin diffous par l'efprit-de-vin.

V. La même expérience répétée avec de l'efprit-de-vin à 31 degrés, il n'y a eu que 1 gros 4 grains de fel marin diffous.

VI. Avec de l'efprit-de-vin à 33 degrés, la diffolution du fel marin n'a été que de 66 grains.

ACTION de l'Efprit-de-vin fur le Salpêtre & le Sel marin réunis.

VII. Sur 2 onces de falpêtre pur, & 2 onces de fel de la gabelle purifié, on a verfé une demi-pinte d'efprit-de-vin à 30 degrés : le réfidu féché n'a pefé que 2 onces 6 gros 27 grains ; il y a eu 1 gros 45 grains, ou 117 grains de diffous par l'efprit-de-vin, ce qui, à 2 grains près, s'accorde avec les expériences I & IV.

VIII. La même expérience répétée avec de l'efprit-de-vin à 31 degrés, il y a eu 102 grains de diffous.

IX. Avec de l'efprit-de-vin à 33 degrés, il n'y a eu que 82 grains de diffous.

ACTION de l'Efprit-de-vin fur le Salpêtre & l'Eau-mère réunis.

X. A 2 onces de falpêtre pur, on a ajouté 4 gros d'eau-mère de nitre factice, formée par la combinaifon jufqu'à parfaite faturation de l'acide nitreux avec la craie ; on a verfé fur le tout une demi-pinte d'efprit-de-vin à 30 degrés, il y a eu 28 grains de falpêtre diffous.

XI. La même expérience répétée avec 2 gros d'eau-mère, au lieu de 4, il y a eu également 28 grains de salpêtre diffous.

XII. Avec 1 gros d'eau-mère, 30 grains.

XIII, XIV, XV. Les mêmes expériences répétées avec de l'esprit-de-vin à 31 degrés, il n'y a eu que 24 grains de salpêtre diffous.

XVI, XVII, XVIII. Avec de l'esprit-de-vin à 33 degrés, la diffolution du salpêtre a été de 12 grains.

ACTION de l'Esprit-de-vin fur le Sel marin & l'Eau-mère réunis.

XIX, XX, XXI. On a fait trois mélanges de fel marin & d'eau-mère, dans les proportions de 2 onces de fel marin & de 4 gros d'eau-mère ; de 2 onces de fel & de 2 gros d'eau-mère ; de 2 onces de fel & de 1 gros d'eau-mère, fur lefquels on a verfé une demi-pinte d'ef-prit-de-vin à 30 degrés. On a eu, pour le premier mélange, 1 gros 50 grains de fel marin diffous ; pour le fecond, 1 gros 48 grains ; & pour le troifième, 1 gros 36 grains ; ce qui donne pour différence moyenne, 27 grains en plus.

XXII, XXIII, XXIV. Les mêmes expériences répétées avec de l'esprit-de-vin à 31 degrés, on a eu pour moyenne de la diffolution du fel marin, 1 gros 32 grains.

XXV, XXVI, XXVII. Avec de l'esprit-de-vin à

33 degrés, la moyenne de la diſſolution a été de 1 gros
10 grains.

*ACTION de l'Eſprit-de-vin ſur le Salpêtre, le Sel
marin & l'Eau-mère, réunis.*

XXVIII. Une demi-pinte d'eſprit-de-vin à 30 degrés,
verſée ſur un mélange compoſé d'une once de ſalpêtre
pur, 1 once de ſel marin purifié, 1 once d'eau-mère
de nitre factice, 1 once d'eau-mère de ſel marin factice, a diſſous 1 gros 63 grains de ſalpêtre & de ſel
marin.

XXIX. La même quantité d'eſprit-de-vin à 31
degrés, en a diſſous 1 gros 55 grains.

XXX. A 33 degrés, elle en a diſſous 1 gros 32
grains.

Toutes ces expérences ont été faites dans une température de 6 à 10 degrés au-deſſus de zéro, au thermomètre de Réaumur.

Elles prouvent,

1.° Que l'eſprit-de-vin agit plus ſenſiblement ſur le
ſel marin que ſur le ſalpêtre, que ſon action diminue
en proportion du degré de rectification qu'il a reçu, &
qu'elle eſt conſtamment la même lorſqu'on opère ſur
ces ſels avec de l'eſprit-de-vin à un même degré.

2.° Que l'action de l'eſprit-de-vin, à quelque degré
qu'il ſoit, ne varie point ſur le ſalpêtre accompagné
d'eau-mère, depuis 6 juſqu'à 25 pour cent; mais qu'elle

B

eſt différente ſur le ſel marin mêlé d'eau-mère dans les mêmes proportions, de manière cependant que le terme moyen de ces différences n'excède que de quelques grains la quantité de ſel marin diſſous par l'eſprit-de-vin à un même degré, ſans addition d'eau mère.

3.º Que lorſqu'on a opéré avec de l'eſprit-de-vin à tel ou tel degré, on peut déterminer, de la manière la plus préciſe, la quantité de ſalpêtre & de ſel marin qu'il a dû diſſoudre.

Il eſt à propos d'obſerver que la diſſolution en plus, occaſionnée par l'addition des eaux-mères, n'ayant lieu que ſur le ſel marin, & non ſur le ſalpêtre, on peut, à la rigueur, la négliger dans le calcul, parce qu'elle ſe trouve compriſe dans le déchet en eau-mère.

EXPÉRIENCES SUR LE NITRE DE SATURNE.

Son degré de diſſolubilité.

On a pris 2 onces de nitre de Saturne criſtalliſé & bien ſéché, ſur leſquelles on a verſé 8 onces d'eau diſtillée, la température étant à 6 degrés au-deſſus de zéro du thermomètre de Réaumur. Cette quantité d'eau n'en a pu diſſoudre qu'une légère partie ; on en a ajouté ſucceſſivement juſqu'à la quantité de 16 onces, qui en a opéré complétement la diſſolution.

Deux onces du même ſel ont été diſſoutes dans 8 onces d'eau diſtillée à 40 degrés de chaleur.

Deux onces du même fel ont été diffoutes dans 4 onces d'eau diftillée au degré de l'ébullition.

Son action fur le Sel marin.

LA nature du nitre de Saturne n'eft pas toujours uniforme, elle varie fuivant la manière dont il a été compofé, & fon action fur le fel marin n'eft pas toujours la même.

Dans les expériences faites par la Régie des poudres, fur les falpêtres de 1784, il a fallu 2 onces de nitre de Saturne, pour décompofer complétement 2 onces de fel marin de la Gabelle, purifié.

On a opéré en diffolvant les 2 onces de fel marin dans 6 onces d'eau diftillée, en verfant dans cette dif-folution, jufqu'à faturation, une diffolution de nitre de Saturne, dont la quantité étoit connue ; le poids du précipité a été de 3 onces 3 gros.

En 1785, avec du nitre de Saturne, compofé de la même manière que l'année précédente, il en a fallu la même quantité pour décompofer 2 onces de fel marin ; le poids du précipité a été également de 3 onces 3 gros

En 1786, il a fallu 3 onces de nitre de Saturne, pour décompofer 2 onces de fel marin ; le poids du précipité a été, comme dans les deux années précé-dentes, de 3 onces 3 gros.

La différence en plus, de nitre de Saturne employé

en 1786, provient vraisemblablement de ce que, en 1784 & 1785, on avoit fait le nitre de Saturne dans des matras de verre, où la liqueur présentoit peu de surface à l'air, & qu'en 1786, il a été fait dans des terrines.

On a répété la même expérience pour la décomposition du sel marin, sur 30 gros de sel de la Gabelle, purifié ; il a fallu, pour cette opération, une quantité de nitre de Saturne proportionnelle à celle employée en 1786, pour 2 onces ; & le précipité a été dans un même rapport, à quelques grains près, de 6 onces 24 grains.

Il résulte de ces expériences sur le nitre de Saturne,

1.° Qu'il faut huit fois son poids d'eau pour le dissoudre à froid.

2.° Quatre fois son poids d'eau pour le dissoudre à la chaleur de 40 degrés.

3.° Le double de son poids pour le dissoudre au degré de l'ébullition.

4.° Qu'en 1784 & 1785, il a décomposé le sel marin, à parties égales ; & qu'en 1786, il fallu une partie & demie de nitre de Saturne contre une partie de sel marin.

5.° Que, quelle que soit la qualité du nitre de Saturne, les précipités qu'il opère en décomposant le sel marin, sont toujours en raison de la quantité de sel marin décomposé, & proportionnels entr'eux.

6.° Qu'en connoiffant la quantité de nitre de Saturne néceffaire pour décompofer une quantité donnée de fel marin, on peut juger par le poids des précipités que l'on obtient, toujours proportionnels entr'eux, de la quantité de fel marin décompofé, en comparant le poids du précipité avec celui opéré par la décompofition d'une quantité connue de fel marin.

EXPÉRIENCES SUR LE PLOMB CORNÉ.

LE degré de diffolubilité du nitre de Saturne & fon action fur le fel marin, étant connus, il reftoit à dé-terminer la quantité de plomb corné qui devoit exifter dans les diffolutions formées d'une quantité d'eau dif-tillée employée pour diffoudre, foit à chaud, foit à froid, le nitre de Saturne, & pour diffoudre le falpêtre & le fel marin.

Son degré de diffolubilité.

SUR 1 once de plomb corné, on a verfé une livre d'eau diftillée froide. Après dix heures de digeftion, on a filtré : le réfidu féché ne pefoit que 7 gros 2 grains ; conféquemment, il y avoit 70 grains de plomb corné diffous.

Sur 1 once de plomb corné, on a verfé 1 livre d'eau diftillée ; on a pouffé jufqu'à l'ébullition, & on a filtré : le réfidu féché pefoit 6 gros 39 grains ; il y avoit 105 grains de moins.

1.° Ces deux expériences prouvent que le plomb corné eſt plus diſſoluble à chaud qu'à froid.

2.° Qu'une livre d'eau peut en diſſoudre 70 grains à froid.

3.° Qu'elle en diſſout 105 grains, au terme de l'ébullition.

Les expériences à froid ont été faites à une température de 6 à 10 degrés au-deſſus de zéro, du thermomètre de Réaumur.

Les connoiſſances acquiſes ſur le degré de diſſolubilité du plomb corné, à chaud & à froid, laiſſent la faculté d'opérer de l'une ou de l'autre manière, dans des liqueurs plus ou moins étendues, pourvu que l'on tienne compte de la quantité de plomb corné, diſſoluble dans telle ou telle quantité de liqueur, ſoit à chaud, ſoit à froid.

EXPÉRIENCES préliminaires avant de commencer les épreuves des Salpêtres.

IL faut avoir une quantité d'eſprit-de-vin ſuffiſante & à un même degré, qui ne ſoit pas, s'il ſe peut, au-deſſous de 30 degrés au pèſe-liqueur. Cette quantité doit être calculée ſur une demi-pinte pour chaque épreuve que l'on a à faire.

On doit auſſi s'être procuré une quantité de nitre de Saturne, dans la proportion de 8 onces pour chaque épreuve.

Si le nitre de Saturne a été fait à différentes reprises, il faut bien mêler la totalité, la pulvériser le plus pof-fible, & la tenir dans des bocaux fermés, quoique l'air n'ait pas fenfiblement d'action fur ce fel.

Pour s'affurer de celle de l'efprit-de-vin que l'on doit employer fur le falpêtre & fur le fel marin, il faut en verfer une demi-pinte fur 2 onces de falpêtre bien purifié & bien fec, une même quantité fur 2 onces de fel de la Gabelle, purifié & féché, & une même quantité fur 1 once de falpêtre & fur 1 once de fel marin réunis; & enfin une même quantité fur chacun de ces fels avec addition d'eau-mère, dans la propor-tion de 25 pour cent, & fur ces deux fels réunis avec addition d'eau-mère, dans la même proportion.

On connoîtra par les réfultats de ces expériences, la quantité exacte de falpêtre & de fel marin que l'ef-prit-de-vin aura diffoute de ces fels féparés & mélangés, pour en tenir compte dans l'opération.

Pour s'affurer de la qualité du nitre de Saturne dont on doit fe fervir, on en fera diffoudre 4 onces dans 2 livres d'eau diftillée froide.

On fera également diffoudre 2 onces de fel marin purifié, dans 2 onces d'eau diftillée froide; on verfera, jufqu'au point de faturation parfaite, la diffolution de nitre de Saturne, dans la diffolution de fel marin, en ajoutant avec précaution de la diffolution de nitre de Saturne, jufqu'à ce que la décompofition foit complé-

tement opérée : alors on jugera par le poids de la diffolution reftante, de celle qui aura été employée pour
la décompofition des 2 onces de fel marin ; & cette
quantité employée déterminera celle qui fera néceffaire
pour chaque échantillon de falpêtre à éprouver.

Pour épreuve de rapport, on compofera 100 gros
de falpêtre brut, factice, à 50 pour 100 de déchet,
de la manière fuivante :

Salpêtre pur.............................. 50 gros.
Sel marin pur........................... 25
Eau-mère factice de nitre................ 15
Eau-mère factice de fel marin............ 6
Terre..................................... 2
Eau diftillée............................ 2
                                        ———
                                        100.

On obferve qu'en compofant ce mélange, on doit
avoir égard, pour la quantité de fel marin à mettre, à
celle que l'efprit-de-vin peut diffoudre, afin d'opérer
fur un rapport fixe : on ne peut pas déterminer ici au
jufte, quelle doit être la quantité de fel marin, qui peut
varier de 24 à 25 grains.

Cette épreuve de rapport n'a d'autre objet que de
faire connoître par le poids du précipité que· l'on ob-
tiendra de la décompofition du fel marin qu'on y introduit, quelle doit être proportionnellement celle des
épreuves que l'on fera.

Pour parvenir à cette connoiffance, on verfe fur le
mélange

mélange une demi-pinte d'efprit-de-vin : on filtre, &
on fait fécher fur un bain de fable le falpêtre reflé
fur le filtre, & qui a été dépouillé de l'eau-mère par le
lavage à l'efprit-de-vin.

On fait diffoudre ce réfidu dans une cafferole de
cuivre, avec 3 livres d'eau diftillée que l'on chauffe
jufqu'à ce que le falpêtre foit entièrement diffous ; on
paffe la liqueur fur un filtre, fur lequel refte la terre ;
après quoi on verfe dans la liqueur filtrée une diffolution de nitre de Saturne, compofée de 8 onces de ce
fel & de 2 livres d'eau diftillée chaude ; on agite la
liqueur ; le précipité fe fait ; on couvre le vafe que l'on
laiffe ainfi pendant douze heures, pour qu'il s'opère
un refroidiffement qui ramène la liqueur à 10 degrés
du thermomètre, ou au-deffous.

Lorfque la liqueur eft refroidie, on la paffe fur un
filtre étalonné bien fec, afin d'en connoître le poids.
On a foin de raffembler fur ce filtre toutes les portions
du précipité, que l'on fait fécher au bain de fable : on
pèfe enfuite ; & le poids du précipité, auquel on ajoute
celui du plomb corné qui eft refté en diffolution dans
la liqueur, fait conclure la quantité de fel marin que
le nitre de Saturne a décompofée, en obfervant toujours
de déduire le poids du filtre.

Pour faire une quantité d'épreuves, il faut s'être
pourvu des vafes néceffaires, qui confiftent en petits
bocaux de verre à bec, de 5 pouces de hauteur fur 5

de diamètre, qui puiffent contenir 100 gros de falpêtre & une demi-pinte d'efprit-de-vin ; en plus grands bocaux de forme cylindrique & à bec, de 1 pied de hauteur fur 5 pouces de diamètre ; en entonnoirs de verre, de 6 pouces d'ouverture fur 8 de hauteur ; en tubes de verre plein ; en fupports de bois pour porter les entonnoirs au-deffus des bocaux ; en cafferoles de cuivre ; en mefures de fer-blanc ou d'étain, à col alongé, contenant jufte une demi-pinte ; en filtres de papiers gris fans colle ; il eft plus commode de les ramener tous à un même poids en en coupant les bords. Dans les expériences faites par la Régie des poudres, on les étalonnoit à 3 gros.

MANIÈRE *de procéder aux épreuves.*

POUR n'avoir aucune incertitude fur la qualité des falpêtres fournis par les falpêtriers de la ville de Paris & du département, la Régie a pris le parti de faire faire, en 1782, des tiroirs doublés de plomb & fermant à clef, en même nombre que celui des falpêtriers. A chaque livraifon de falpêtre, après que la matière a été pefée, on la dépofe dans le magafin ; là, on brife les morceaux, & on mêle la totalité de la fourniture en la retournant à la pelle, on prend enfuite pour échantillon, autant d'onces de falpêtre qu'il y a de quintaux ; cet échantillon eft dépofé dans le tiroir du falpêtrier : on fait la même opération à chaque fourniture.

(19)

A la fin de l'année, chaque tiroir contient autant d'onces de falpêtre que chaque falpêtrier en a fourni de quintaux ; & les échantillons font abfolument femblables aux fournitures, puifqu'ils ont été pris fur la matière bien parfaitement mêlée.

On étiquète par numéro chaque tiroir ; on prend le premier, on verfe tout le falpêtre qu'il contient, dans un vafe de cuivre, en obfervant de n'en négliger aucune portion ; on le broie, on mêle bien intimement toute la matière, après quoi on en met 3 à 4 livres dans un vafe bien fermé, & étiqueté du même numéro que le tiroir.

Lorfqu'on a fait la même opération fur tous les tiroirs, on reprend le premier numéro, contenant un échantillon de 3 à 4 livres ; on mêle de nouveau la matière dans un vafe de terre verniffé ; alors on en prend fcrupuleufement 100 gros, que l'on met dans un petit bocal de verre ; on y verfe une demi-pinte d'efprit-de-vin, on filtre : on fait fécher le falpêtre qui refte fur le filtre ; on le pèfe pour favoir combien il a perdu par la diffolution de l'eau-mère, & *on en fait note fur un regiftre au n.° 1.*

On diffout le falpêtre à chaud dans 3 livres d'eau diftillée ; on paffe fur un nouveau filtre la liqueur qui eft reçue dans un grand bocal de verre.

La terre étant reftée fur le filtre, on en conftate le poids, à la déduction de celui du filtre, & on en tient note fur le regiftre.

On met 8 onces de nitre de Saturne dans 2 livres d'eau diſtillée, qu'on tient ſur le feu juſqu'à ce que ce ſel ſoit diſſous ; on verſe cette diſſolution dans celle de ſalpêtre qui eſt dans le grand bocal ; on agite la liqueur avec un tube de verre plein ; on la laiſſe refroidir pendant douze heures , & lorſqu'elle eſt ramenée à la température de 10 degrés au thermomètre , on la filtre , en obſervant de raſſembler avec exactitude toutes les portions du précipité ſur le filtre qu'on fait ſécher enſuite au bain de ſable , pour en conſtater le poids , dont on fait note ſur le regiſtre , à la déduction du poids du filtre. Alors l'opération eſt finie ; il ne faut plus que déterminer par le calcul , le déchet que les 100 gros de matière ont éprouvé , en cau-mère, en terre & en ſel marin , en tenant compte de ce que l'eſprit-de-vin a dû diſſoudre de ſalpêtre & de ſel marin, ainſi que du plomb corné qui eſt reſté diſſous dans la liqueur, & on rapporte ce déchet à la totalité de la fourniture du ſalpêtrier.

On a eu ſoin de remettre dans le bocal le reſte du ſalpêtre d'échantillon, les 100 gros prélevés, pour y avoir recours dans le cas d'accident qui arriveroit pendant le cours de l'opération , & pour recommencer l'épreuve ſi elle préſentoit quelqu'incertitude.

On doit obſerver de ne mener que ſix épreuves à la fois pour le lavage à l'eſprit-de-vin , afin de ne pas le laiſſer trop long-temps ſur le ſalpêtre, quatre à cinq minutes fuffifent. Il convient auffi de faire en plein air l'opération du lavage à l'efprit-de-vin, ou au moins dans un endroit très-ouvert, fans quoi on courroit le rifque de s'afphixier, comme cela eft arrivé au laboratoire de l'Arfenal de Paris.

Pour plus d'exactitude dans l'épreuve, il conviendroit de relaver avec un peu de nouvel efprit-de-vin le falpêtre refté fur le filtre à la première opération, & relaver auffi avec un peu d'eau diftillée le précipité qu'a opéré la diffolution de plomb. Si on a négligé de le faire jufqu'à préfent, c'eft qu'on a regardé ce fucroît d'opérations, qui néceffiteroit de nouveaux calculs à faire pour les portions qui pourroient être diffoutes par de nouveaux lavages, comme d'une très-foible confidération qui ne doit pas influer d'une manière fenfible fur la juftice que la Régie cherche à rendre à la qualité des falpêtres.

On croit inutile d'obferver que l'efprit-de-vin qui a fervi au lavage, doit être mis à part pour être rectifié de nouveau, & que les eaux nitreufes exiftantes après la décompofition du fel marin, contenant, outre le falpêtre pur, du nitre cubique & du nitre de Saturne, ces deux derniers fels peuvent être décompofés & convertis en nitre parfait, par une addition d'alkali fixe végétal.

Lorfque toutes les épreuves font faites, on en forme un état qui eft remis au commiffaire de la Régie, pour dreſſer celui des bonifications & des réductions que chaque ſalpêtrier doit avoir , ou ſupporter.

L'état des épreuves eſt communiqué à tous les ſalpêtriers , pour que chacun d'eux connoiſſe en quoi a conſiſté le déchet, & qu'il ſoit à même de rectifier ſon travail dans l'année ſuivante.

PROCÉDÉ pour faire le nitre de Saturne.

ON prend une terrine de grès bien cuit, dans laquelle on met du plomb en grenailles ; on verſe deſſus de l'eau diſtillée ; on ajoute enſuite de l'acide nitreux au degré de 28 à 32 au pèſe-liqueur. La proportion de cet acide avec l'eau doit être à peu-près de parties égales ; on peut d'ailleurs s'aſſurer ſi on a mis trop ou trop peu d'eau : ſi on en a mis trop peu, on en jugera par la grande action de l'acide nitreux ſur le plomb , manifeſtée par une très - grande efferveſcence dans la liqueur ; dans ce cas, on pourra ajouter de nouvelle eau ; ſi au contraire on s'aperçoit que l'efferveſcence n'ait pas lieu, ou ſoit trop foible, alors on remettra de l'acide ; mais il faut toujours tenir le mélange de manière que l'efferveſcence ne ſoit pas aſſez forte pour qu'il y ait calcination du plomb , ce qui nuiroit à la diſſolution & à la formation du nitre de Saturne.

Ce mélange fait avec ces précautions, on mettra la terrine ſur le bain de ſable bien échauffé, en l'y enfonçant le plus qu'on pourra. On pourroit auſſi la

(23)

mettre dans un chaudron de fer, garni de fable fin dans fon intérieur, pofé fur un grand fourneau rempli de charbon. On mettra du plomb plus que moins, de manière qu'il en refte encore au fond de la terrine fans être décompofé, lorfque l'effervefcence n'aura plus lieu.

L'effervefcence étant totalement ceffée, on pouffera la liqueur au plus grand degré de chaleur qu'elle foit fufceptible de prendre; dans cet état, on la verfera fur un chaffis de bois garni d'une groffe toile, fur laquelle on aura placé un filtre de papier gris. On recevra cette liqueur dans un autre terrine. Lorfque la liqueur fera toute filtrée, on la mettra à refroidir. Le plomb reftant fur le filtre fera remis dans une nouvelle terrine, on en ajoutera, s'il eft néceffaire, pour faire un nouveau mélange femblable au premier. Lorfque la liqueur de la première terrine fera refroidie, & que la criftallifa- tion du nitre de Saturne fera opérée, on décantera la liqueur furnageante, que l'on ajoutera à la liqueur de la terrine où s'eft fait le fecond mélange; le nitre de Saturne fera enlevé & féché. On fera pour la feconde opération ce qu'on a fait pour la première.

On voit que, fi, à mefure qu'on filtre la liqueur concentrée d'une terrine, on fait un nouveau mélange dans lequel on décantera fucceffivement l'eau furnageante à la criftallifation, il fera poffible de faire promptement & avec facilité une très-grande quantité de nitre de Saturne. Il eft bon d'obferver que ce fel n'étant ni déliquefcent ni efflorefcent, on peut en faire beaucoup à la fois, fans craindre qu'il puiffe fe détériorer en le gardant. Lorfqu'on en a fait la quantité dont a on befoin, il faut, après l'avoir bien féché, le broyer avec une bouteille qu'on roule deffus, en pefant avec les mains. Ce fel ainfi pulvérifé eft plus aifé à diffoudre.

Il faut avoir foin de ne pas fe fervir de plomb à giboyer, pour celui qu'on préfente à diffoudre à l'acide nitreux. La compofition que l'on ajoute ordinairement au plomb en fufion, pour former les grains du plomb à giboyer, pourroit nuire au fuccès des opérations ; il faut fe fervir de plomb ordinaire, & paffé dans une écumoire, ou tout autre uftenfile troué. Il eft avantageux d'avoir ainfi le plomb en grains, parce que la diffolution s'en fait mieux, l'acide ayant plus de furface à attaquer. Si l'on mettoit le plomb en un feul morceau, il pourroit fe former dans l'opération une croûte fur le deffus, qui arrêteroit la diffolution.

PROCÉDÉ pour faire les Eaux-mères.

POUR compofer des eaux-mères de nitre & de fel marin, on met dans un bocal de l'acide nitreux ou de l'acide marin le plus concentré qu'il eft poffible. On jette dans le vafe qui contient l'un ou l'autre de ces acides, de la craie qu'on y introduit tant que l'effervefcence a lieu ; on a foin de bien remuer à mefure avec un tube de verre. Lorfque l'effervefcence eft totalement

ceffée

ceffée, c'eft une preuve que la combinaifon eft achevée : alors on filtre cette liqueur, & on a par cette filtration de l'eau-mère de nitre ou de l'eau-mère de fel marin, fuivant l'acide que l'on a employé pour diffoudre la craie.

EXTRAIT DES REGISTRES
de l'Académie royale des Sciences.
Du 9 Mai 1787.

L'ACADÉMIE nous a chargés d'examiner un ouvrage ayant pour titre : *Inftruction fur les moyens que l'on peut employer pour connoître la qualité des Salpêtres fournis par les Salpêtriers & Entrepreneurs de Nitrières, & pour en conftater féparément les déchets.* Cet ouvrage lui a été préfenté par M.ʳˢ les Régiffeurs des poudres & falpêtres du royaume.

On fait combien l'art de fabriquer le falpêtre a fait de progrès depuis quelques années ; quelle précifion on eft parvenu à mettre aujourd'hui dans les travaux relatifs à ce fel. M.ʳˢ de la Régie des poudres, qui ont réuni, dans différentes inftructions approuvées par l'Académie, toutes les lumières fournies par les connoiffances de chimie les plus exactes, ont penfé qu'ils devoient encore y ajouter des procédés propres à faire connoître la qualité des falpêtres livrés par les falpêtriers & par les entrepreneurs de nitrières, afin d'eftimer, avec précifion, fa valeur réelle, d'établir une balance exacte entre le fourniffeur qui vend & le Roi qui achette, & d'éviter toute léfion de part ou d'autre.

On n'avoit, jufqu'actuellement, fuivi fur cet objet, que la méthode vague & indéterminée du réfultat des rafinages &

D

du déchet total des falpêtres fournis, fans avoir égard au falpêtre de tel ou tel fournifleur. La fufion du falpêtre, la décrépitation du fel marin, l'activité de la flamme, étoient les guides peu aflurés qu'on fuivoit dans quelques départemens, pour juger la qualité de plufieurs quintaux de fel brut. On employoit encore des lotions avec de petites quantités d'eau que l'on croyoit capables d'enlever l'eau-mère & le fel marin. Il fuffit d'énoncer ces moyens pour faire connoître leur imperfection & leur infuffifance.

Comme le falpêtre brut eft altéré par du fel marin, de l'eau-mère, ou fels déliquefcens, & de la terre calcaire ou magnéfienne; & comme ces corps étrangers au nitre varient en quantité, fuivant un grand nombre de circonftances relatives à l'extraction & aux travaux faits fur ce fel, il faut, pour connoître les proportions des différens corps & la qualité du falpêtre, employer des diffolvans capables de féparer, par les loix des attractions chimiques, chacune de ces fubftances.

Les moyens mis en ufage par la Régie, pour parvenir à ce but, font, 1.° l'efprit-de-vin qui diffout l'eau-mère ou les fels déliquefcens, compofés ordinairement de muriates, & de nitres calcaires & magnéfiens; 2.° l'eau qui diffout le falpêtre, fans toucher aux terres calcaire & magnéfienne; 3.° le nitre de plomb qui décompofe le fel marin, en formant le muriate de plomb, appelé communément *plomb corné*. Ces trois opérations donnent donc, par le rapport des poids, les quantités de fels déliquefcens ou d'eau-mère, de fel marin, de terre & de nitre, contenues dans les falpêtres bruts des fournifleurs. Mais comme l'efprit-de-vin diffout des portions de fel marin & de nitre, en même temps que les fels déliquefcens, en raifon de l'eau qu'il contient dans le degré où l'on eft obligé de l'employer; les auteurs de l'inftruction dont nous rendons compte, ont fait des expériences exactes pour déterminer l'action de l'efprit-de-vin, à 30, à 31 & à 33 degrés, fur le falpêtre pur, fur le fel marin pur, fur le mélange de ces deux fels, fur ceux du falpêtre & de l'eau-mère, du fel marin & de l'eau-mère, & enfin fur le falpêtre, le fel marin & l'eau-mère réunis. Ils en ont également fait fur la diffolubilité du nitre de plomb, fur la quantité de ce fel, néceffaire pour précipiter des quantités données de fel marin, fur la diffolubilité du plomb corné. Après avoir préfenté ainfi féparément tous les élémens néceffaires à l'enfemble du travail propre à faire connoître la qualité du falpêtre brut, ils décrivent les expériences préliminaires & fervant d'effais aux épreuves des falpêtres. Ces expériences confiftent, 1.° à traiter, par l'efprit-de-vin au-deffus de 30 degrés, du falpêtre bien purifié, du fel marin également pur, ces deux fels mélangés entr'eux, chacun avec de l'eau-mère, & les deux enfin unis à de l'eau-mère, pour connoître la quantité de fels non déliquefcens que l'efprit-de-vin aura diffous ; 2.° à précipiter 2 onces de fel marin purifié avec une diffolution d'un poids connu de nitre de Saturne, jufqu'à ce que la précipitation foit complète, pour eftimer avec précifion la dofe de ce fel néceffaire à la décompofition d'une quantité connue de fel marin ; 3.° à faire une épreuve de rapport fur un falpêtre brut compofé de 50 gros de nitre, 25 gros de fel marin, 15 gros d'eau-mère factice de nitre, 6 gros d'eau-mère factice de fel marin, 2 gros de terre & 2 gros d'eau diftillée ; épreuve qui fe réduit au traitement fucceffif de ce mélange par l'efprit-de-vin, l'eau & le nitre de Saturne.

Après cet effai, M.rs les auteurs de l'Inftruction donnent la manière de procéder aux véritables épreuves des falpêtres fournis par les falpêtriers, & ils expofent la marche fuivie, à cet égard, par la Régie depuis 1782. Nous ne fuivrons pas plus loin les auteurs de cette differtation : ce que nous en avons dit fuffit pour faire connoître à l'Académie l'ordre & la clarté qui règnent dans cet ouvrage, dont le but est de donner aux Commissaires & aux Préposés de la Régie, un modèle des recherches propres à les éclairer sur la valeur des différens salpêtres. Ils ont eu soin de décrire, à la fin de cette dissertation, les procédés pour préparer avec soin un nitre de Saturne toujours égal, & les eaux-mères factices de nitre & de sel marin.

Nous pensons que cette Instruction est très-propre à remplir l'objet que M.rs les Régisseurs se sont proposé ; qu'elle substituera à des moyens arbitraires & trompeurs, des procédés simples & fondés sur des connoissances chimiques & exactes ; qu'elle servira de complément aux différens travaux déjà publiés sur le traitement des salpêtres, par la Régie ; & enfin qu'elle mérite d'être imprimée avec l'approbation & sous le privilége de l'Académie.

FAIT à l'Académie, au Louvre, le mercredi neuf mai mil sept cent quatre-vingt-sept. *Signé* BERTHOLET & DE FOURCROY.

Je certifie le présent Extrait conforme à son original & au jugement de l'Académie. A Paris, ce seize mai mil sept cent quatre-vingt-sept.
Signé *LE MARQUIS DE CONDORCET.*

www.ingramcontent.com/pod-product-compliance
Ingram Content Group UK Ltd.
Pitfield, Milton Keynes, MK11 3LW, UK
UKHW021207140726
13695UKWH00005B/2399